重拾质朴与平静之心

家事里的禅意时光

[日]小川奈奈 著

黄若希 译

U0353209

江苏凤凰文艺出版社

JIANGSU PHOENIX LITERATURE AND
ART PUBLISHING, LTD.

对我来说，"辛苦啦！真是太好吃了！"这句话是充满魔力的。无论多么疲于工作和家务，家人的一句话总是能让我重新充满干劲地走进厨房。

在每天不断地重复中，这句充满魔力的话语慢慢直达内心。这个时候，教我学会珍惜的正是"禅"。无论何时，无论何地，禅都有着直击人心的力量。

这是一本表达心中偶得禅意的书。

拜访本书监修武山广道住持，探访住持的清修之地"正眼寺"。体味禅寺中的"食"如何重要，僧人们又是如何对待"食"的。

这次拜访使我懂得了常怀感恩之心的重要性。

在自己所做的食物面前，发自内心地感恩。感恩又一次的制作，感恩美食，更要感恩生活。

把所有的食材和烹饪用具都当作具有鲜活生命的个体来对待。

对于自己能够制作食物感到喜悦。把食物看作自己的孩子，充满感情地制作。

广施恩德，使世间众生不受饥寒之苦。

理解"食"之禅意，一口一口珍重地吃下饱含心意制作而成的食物，用心咀嚼，食物的滋味便会渗入心脾。

和"食"一样，"扫
除"也是禅学中非
常重要的一种修行。
打磨得光可鉴人的
地板，正如僧人们
一尘不染的心。

将"食"和"扫除"中的禅意融入日常生活的每一天，从而回归本心，邂逅安宁的生活。

禅语有云，"未成佛果，先结善缘"。

希望这本书能够成为大家结善缘的契机。

小川奈奈

目录

第一章

修身养性：

厨房家务

清晨，留出清心自省的时间

晨起后的生活方式决定一天的生活质量

　　禅寺的清晨是非常早的，云水僧（行脚僧）们一般早上三点半（冬天四点）就要伴着"开静"的钟声起身，在很短的时间内迅速地洗漱完毕，然后在大殿集合开始做"早课"和"晓天坐禅"。"晓天"即"拂晓时分"。通过坐禅直面全新的自己，清心自省。

　　为了充实这一整天的生活，早晨的时间是非常重要的。每天起床后，我要做的第一件事就是先打开窗户迎接清晨的太阳，然后深深地呼吸一口早上清新的空气。新鲜的空气沁入心脾，让浑身血脉舒张，头脑清醒，心情也随之轻快起来，想着"今天也会是充满活力的一天"，又能积极向上地开始生活了。接下来浏览今天的日程安排。

只要五分钟的安宁

对于有家庭的女性而言，早晨的家务就好比和时间的赛跑。正因如此，更要在家人起床前安排属于自己的时间。

只要五分钟就好。短短五分钟，就能产生内心的安宁感。这时候可以在脑子里确认一下今天的日程安排，决定家务的优先顺序。对我来说，这五分钟是非常有意义且宝贵的。正因为早晨是非常忙碌的，更需要先冷静安定下来。

清晨第一件事，打开窗户深呼吸

每天早上6点30分起床。打开窗户，看看天气，眺望庭院的风景，在和自然对话的过程中也能获得内心的安宁。

根据声音划分家务时间

云水僧在钟声的伴随下劳作

　　禅寺中修行的云水僧们在伴着钟声起床后一直到就寝为止，都在毫不停歇地劳作。起床、坐禅、化缘、用餐、扫除等，生活中一切皆修行，何时做何事都是固定的。但是，寺院里并没有时钟。所有行动都伴随着撞钟的声音，钟声响起时开始下一项活动。这样一来，一天中需要完成的修行就能按顺序一项一项进行。完成所有想做的事情，重点在于"时间的划分"。这一点也可以活用在我们的日常生活中。

做家务时设定计时器

　　打算开始打扫房间后，总觉得这也要扫、那也要擦，不知不觉半天就过去了，其他的事一点也没做。为了避免这类情况的发生，我们可以学习禅寺的方法设定工作时间，比如"打扫5分钟，买东西30分钟"。用计时器倒计时，铃声一响就停下手上的工作，开始下一项工作。就算上一件事只做到一半，也要停下来，剩下的明天再做。规划时间是非常重要的。在这循环往复中，我们可以学会如何才能在规定时间内完成工作，琢磨出合适的工作方法。

手机的计时器使用方便

在家里使用手机的计时器更为方便。使用语音控制功能，只要说一声"倒计时三分钟"就能简单地设定计时器。

学会禅宗的『菜单规则』，做饭不再迷茫

消灭"不知该做什么"的迷茫

　　每天准备一日三餐时，比起做饭本身，更让人头痛的事情应该是决定菜单吧。"还有一个小时就必须要做晚饭了"，还没有决定好菜单也只能先出门去买菜了。这样一来，会因为价格便宜而买一些原本不必要的东西，最后又因为浪费感到后悔。这样的事例不在少数。

　　决定好菜单后，便知道该买哪些食材，不会再浪费买东西的时间和钱了。目前为止都没有制定过菜单的人可能会觉得很难，但只要学会禅寺的"菜单规则"就很简单了。

简洁的禅寺菜单规则

负责制定禅寺菜单的是被称为"典座"的掌管斋饭的云水僧。一般的禅寺菜单，早餐是清粥小菜，午餐是麦饭和一菜一汤，晚餐是早餐、午餐吃剩的食物。需要制定菜单的只有午餐，而这一**菜单是由数字决定的**。虽然不同的寺院规则应该有所不同，但似乎有 1 号、15 号是白米饭，逢 4 逢 9 的日子则是乌冬面的规则。此外，仪式法会等特殊日子的菜单也是自古流传下来的，不需要制定。如果在家庭生活中也能制定此类菜单规则，就能毫不犹豫地制定计划了。

特殊日子的菜单

这是挂在正眼寺正殿的菜单。上面详细记述了寺院创始人开山无相大师的忌日、每年 10 月 12 日"开山诞日"的菜单。

试着写出固定菜名

制定菜单前，首先要从盘点漫无计划地想到的菜式入手。在纸或本子上记下所有你能想到的自己家的固定菜式。

写下所有菜名后，再加上这道菜常做的季节和用途等。类似"适用于准备便当"，加一句话即可。制定菜单时，可以参考这个表格，根据不同的目的来选择菜式。

试着写菜名的话，适合做主菜的大致十多种。再加上配菜的话想出 30 道菜应该不成问题。

没有必要每次用餐都做新菜。**即便菜式固定、重复，我的家人也很开心。**

菜单	推荐季节	全年	类型	便当	备注
蔬菜汤	秋冬	○	主菜		做便当时加入酱油调味
清炖南瓜	秋冬	○	主菜	○	
鲥鱼萝卜	秋冬		主菜		
莲藕牛蒡	秋冬	○	配菜		
黄麻酱猪肉沙拉	夏		主菜		
棒棒鸡	夏		主菜		
零陵香盖饭	夏		主菜		
冷涮锅	夏		主菜		
冬瓜咖喱	夏		主菜		
味噌奶酪茄子	夏		主菜		美国茄子、蛋茄
蛤蜊萝卜炖菜	春	○	主菜		
豌豆炒鸡胸肉	春		主菜		
芥末菜花	春		配菜		
卷心菜	春	○	主菜		
土豆沙拉	春	○	配菜	○	
咖喱		○	主菜		
奶酪烤菜	秋冬	○	主菜		
春卷		○	主菜	○	
饺子		○	主菜		
炒饭		○	主菜		
汉堡		○	主菜		
大阪烧		○	主菜		

固定菜式出乎意料得多

○表示适合。

在电脑上整理菜单

只要把每周做过的菜记录在电脑里，就
能制作出自己的专属菜单。用 EXCEL 进
行整理更方便。

根据购物计划制定规则

做好固定菜式表后，下一步就可以制定规则了。像"1号、15号是白米饭"一样，学会禅寺的菜单规则，将菜单固定化，这样既能缩短思考吃什么的时间，又能把自己从啰唆的女主人中解放出来。从固定菜式表中选出符合规则的主菜，再根据主菜选择适当的配菜，就能轻松地决定菜单了。

根据购物计划来制定菜单规则会更方便。比如，"在每周二特价日进行大采购，不够的东西在每周六购买"。

这样一来，**大采购前一天的周一就会想清空冰箱，做火锅用完所有的食材**。容易坏的肉要尽早吃完，可以周二蒸鱼，周三炖肉。周四、周五则用些能长时间保鲜的蔬菜和鸡蛋等食材。周末两天再根据家人的要求来做饭。像这样，根据购物计划来决定食材就不容易造成浪费了。

周末召开菜单会议，提升家人满足感

规则暂且不论，在制定菜单前，需要先了解家人的安排。需要给孩子做便当的日子、丈夫外出培训不需要做晚餐的日子，等等，了解家人的安排是非常重要的。可以在周末一起吃晚饭时问问大家下周的安排。

在菜单会议上，听听大家有关"食"的安排，比如"要带便当的日子""出差的日子"等。这样不仅能判断是否需要准备晚餐和便当，还可以根据家人的安排制定固定菜单，比如丈夫出差不需要做晚饭的话就做孩子喜欢的汉堡吧。此外，还可以决定哪一天大家一起在外面吃。

周六可以用剩下的食材做披萨

无论什么馅的披萨都非常美味，我们家周六会烤披萨，消灭冰箱里的剩菜，以便下次采购。

挑战制作一周的菜单

① 写出固定菜式。（见第 24 页）
② 制定菜单规则。（见第 26 页）
③ 在菜单上标注家人的用餐安排。
④ 从固定菜式表中挑选晚餐的主菜。
⑤ 从固定菜式表中挑选合适的配菜。
⑥ 在备注栏记录采购计划或准备工作。

菜单样例

日期 规则		午餐带便当	晚餐	备注
9/1	周一	<便当> 煮鸡蛋 盐腌黄瓜 甜辣油豆腐炖萝卜 菜肉焖饭	冬瓜炖虾 豆芽拌菜 沙拉 味噌汤	10-17 整理收纳服务
蔬菜为主				
9/2	周二	<便当> 煮鸡蛋 盐烤鲑鱼 豆芽拌菜	盐烤秋刀鱼 萝卜干 沙拉 味噌汤	10-12 讲座
鲜鱼				
9/3	周三	<便当> 苦瓜炒肉 萝卜干 凉拌海菜	鱼肉汉堡 醋拌黄瓜裙带菜 沙拉 味噌汤	内勤
肉类				
9/4	周四	<便当> 鱼肉汉堡 煮豌豆 醋拌黄瓜裙带菜	蔬菜（保持蔬菜的原汁原味） 鹿尾菜 沙拉	茶道练习
蔬菜为主				
9/5	周五	<便当>×	西班牙煎蛋卷 （土豆、洋葱、火腿、青椒、萝卜） 味噌汤	10-12 讲座
鸡蛋				
9/6	周六	荞麦面	法式砂锅鱼 下酒菜	休息
西餐				
9/7	周日	我：会议（外食）	菜肉焖饭 什锦鸡蛋羹 炸天妇罗 汤	10-12 听证会 准备煮鸡蛋、腌黄瓜 和甜辣萝卜炖豆腐
米饭类				

一周菜单

日 期 规 则		午餐带便当	晚 餐	备 注
╱	一			
╱	二			
╱	三			
╱	四			
╱	五			
╱	六			
╱	日			

※可复印使用。

根据菜单规划时间

决定好菜单后，除了有"不用每天考虑吃什么""节省采购时间""不会浪费食物"等优点外，还能**根据菜单事先准备食材**。

定好菜单后，可以通过菜单确认是否需要事先准备，比如"需要事先调味""要用到需要泡发的干货"等，把这些需要事先准备的工作写在备注栏里。

晚餐的菜单中有炸鸡的话，备注栏就要写上"白天，腌制鸡肉"。干货也一样，裙带菜需要泡发30分钟至1小时，厚实的香菇或萝卜干则需要一个晚上的时间才能泡开。根据菜单备注好需要事先准备食材的时间，可以提高效率。

常备菜仅需制作简单的菜式

对我来说，只有周末才有充分的时间用于做饭。虽然有时也利用周末的时间大量制作常备菜，但在厨房站一整天会使人筋疲力尽。

之后，我就只做些不怎么花时间的食物了。有时在周日一次性煮好便当或沙拉用的鸡蛋，有时腌些小黄瓜。只做一些简单的食物，珍惜周末悠闲的时光。

干货事先泡发

事先泡好做菜要用的干货可以节约做菜时间。

周日煮鸡蛋

放弃需要花费大量精力去做的小菜，只备一些便当或沙拉用的鸡蛋等方便简单的小食。

狭窄的厨房只要稍微收拾一下，用起来也十分方便

老式厨房都是开门式的。我们家在翻新前也是这种类型，需要设法收拾一下才好用。给大家介绍一下当时改造收纳的方法吧。

伸缩式置物架能够根据锅的大小调节高度，不会浪费收纳空间。

水池底下安装置物架

水池底下安装伸缩式置物架，用于摆放厨具。因为水池底下湿气重，最好不要放食物。

以前收纳空间不足的厨房。

灶台下摆放调味品

灶台底下适合摆放油瓶或调料等炒菜时一伸手就能拿到的东西，也可以放炒锅等。

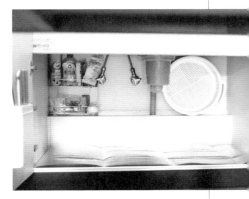

水池底下有水管拦着不好放东西，把不常用的东西放在深处更方便。

巧用铁质置物架

水池或灶台底下放不进所有厨房用品的话，剩下的可以放在外面的铁质置物架上。此处也可用伸缩式置物架，非常方便。

炒锅可以立起来并排摆放。仅统一锅柄方向就十分整洁美观。

物品放在该放的地方，打造功能性厨房

厨房干净整洁，厨房家务做起来也就轻松愉悦

弹丸之地却物品齐全，厨房给人的印象大抵如此。如果收纳得当，使用自然方便，烹调时的心情也会随之愉悦起来。

禅寺用餐规则中的《典座[1]教训》也写着"东西应当放在该放的地方，用完回归原位"。**东西用完不能胡乱收拾了事，而是要根据是否方便使用来决定其摆放的位置，用后务必放回原位。**为了打造出舒心的厨房，要在收纳上下足功夫。

---

1. 典座：禅宗寺院里掌管僧侣伙食的僧人。

注意用具功能，固定摆放位置

　　要使收纳更为井然有序，首先要固定用具的位置。煤气灶下方可以放煎锅、食用油以及调味品等用灶台时需要用到的东西。

　　水池旁的抽屉适合放餐具或毛巾之类的东西。抽屉虽然大多自带隔断，**但也可以卸下自带的隔断，安装单买的隔板，调整出和东西完全吻合的布局。**

　　一般来说物品基本上都是放在要用的地方旁边的，但要特别注意水池底下。水池底通有水管，湿气凝滞，再加上排水管内的油污，容易散发出令人不快的味道，还很容易招来臭虫，因此切勿用于收纳食物。

花心思安排好水池底部的收纳

水池底下容易有湿气、恶臭和臭虫。适合放置需要用到水的厨具。

固定摆放时也要考虑到物品的硬度和安全性

禅宗中还有许多和收纳相关的教义。《典座教训》有云："该放在高处的东西就放在高处，该放在低处的东西就放在低处，郑重其事地对待"。容易摔坏、容易砸伤人的东西放在低处，轻便结实的东西放在高处。

虽然我自己家出于地震的考虑特意没有装吊柜，但前往安有吊柜的客户家进行收纳整理服务时，我都会把塑料收纳用品和备用的厨房纸等厨房用的小物件收纳在吊柜里面。

分情况使用搁板和抽屉

虽然最近厨房中抽屉式收纳有所增加，但仍有很多吊柜等需要搁板的空间。搁板和抽屉各有优劣，要充分利用其优点。

吊柜的收纳

客户家收拾整齐的吊柜。加上了带把手的收纳盒，取放方便。

抽屉式厨房收纳

翻新后的厨房。拥有抽屉式收纳系统的厨房是主人的梦想。

搁板的优点在于"无法拉动，因此摆放稳固"以及"如果是可调节式，可以改变其高度"。搁板的位置可以根据所放物品的高度来调整，不会浪费空间。

其缺点则在于"无法方便取放深处的东西"。这一点只要使用市面上的收纳单品就可以改善。加上带把手的收纳箱或者透明塑料盒等可抽出型收纳用品，柜子深处的东西取放起来会方便很多。需要注意的是，要彻底遵循吊柜只能用于收纳从高处坠落也不容易砸伤人的轻便小物件这一规则。

最好使用横开式抽屉

抽屉式收纳的好处在于"柜子深处的东西也能一览无余，取用方便"。**安装抽屉时使用横开式，把常用的东西放在外侧。**这样只要稍微拉开一点就能拿到，非常方便。

我们家是把抽屉最外侧专门隔出一排用来放调味品。所有调味品一眼就能看见，想要用什么一下子就能拿到，用完唰地就能放回去。虽然菜刀也很常用，想放在手边，但刀刃还是要尽量朝内，这样更安全，因此放在了抽屉深处。

虽然抽屉式收纳优点不少，但也存在"拉抽屉时里面的东西会晃动容易损坏"这一缺点。餐具或砂锅等易碎品还是放在搁板上更让人放心。我们家的餐具也都是放在搁板上的。

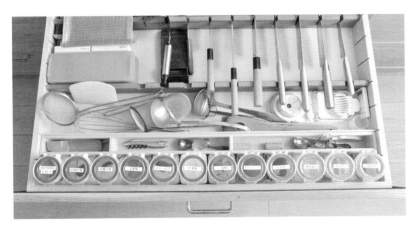

手跟前一排用于放置调味品

为了方便使用，抽屉第一层最前面专门隔开了一排用于放置调味品。抽屉深处竖着放了一排刀具。为防止摇晃，制作了专用的隔断。

自由分隔

根据物品种类和数量分门别类地收纳。常用物品竖着放，不常用的则横放在抽屉深处。

锅具横向收纳，方便取用

锅具不要叠放在一起，而是立起来横放在抽屉里。这样抽出来就不会划坏别的锅，方便拿放。

厨房只放真正需要的东西

季节性的东西放在其他地方

厨房中从厨具到餐具、食材，东西非常多，收纳空间狭小的话，就会显得非常杂乱。再加上又是用水、用火、用油的地方，很容易弄得脏兮兮的。因此，**厨房最理想的状态就是只放最少的必须要用的东西。**

比如说，每年正月才会拿出来用一次的多层漆器饭盒、郊游才会用到的餐具以及不常用的客用餐具等，都应放在厨房之外的地方，要用的时候拿出来即可。

我们家正月或圣诞用的这类东西都固定放在储藏室内收纳柜的固定位置。圣诞用品多为小物件，因此都集中放在一个箱子里，为了避免忘记里面都放了哪些东西还做了记号。

根据使用频率决定留下哪些东西

如果厨房里的东西堆得满满的，很难收拾，可以按照东西的使用频率对其进行分类，从每天都要用的，到一年只用一次的，分门别类地归纳在一起。如果能明确分清哪些东西是必须放在厨房里的、哪些是无需放在厨房里的以及哪些是可以扔掉的，就能看出来必要的东西都应该放在什么位置了。

季节性物品放在储藏室最上方

季节性物品放在正对走廊的储藏室中的最上方。中间放了些什么都标记在箱子上。

不容易遗忘食物的冰箱收纳法

　　冰箱塞得太满，总是忘记都放了些什么，结果导致食物过期或是重复购买了同一种东西。冰箱总是容易变成浪费箱。一定要好好收拾整理，节约食物，节约用电，节约一切。

要尽早吃完的食物放在冷藏室下层

剩菜等需要尽早吃完的东西要放在显眼的地方。只要空出能放下一个锅的空间就够了。冰箱最理想的状态是空间使用率在80%以下。

冷藏室上层用来放食物配料

冰箱上层留出较窄的空间，使用可以抽出的托盘。豆酱味噌汤或是油煎豆腐味噌汤配料，鲑鱼或佃煮[1] 等日式配料之类同时要用的东西放在一起。

中层放置储存食品

把搁板安装在刚好能放下较大容器的高度，用来放置酸奶或米糠腌菜等储藏食品。看不见里面放着什么东西的容器上一定要贴上标签。

1 佃煮：在小鱼和贝类的肉、海藻等海草中加入酱油、调味酱、糖等一起炖煮的日式料理，因发源于日本佃岛而得名。——译者注

开动脑筋，杜绝粗心大意

冷鲜室、冷冻室的使用窍门

食材用不完任其腐烂浪费的话，大家难道不会觉得"做了坏事"心里过意不去吗？

《典座教训》有云："爱惜常住物，如护眼中珠"。它教育我们要把食物当作自己的眼睛一样，用心去珍惜对待。用心对待食材，尽量用完。只要在冰箱的收纳上开动脑筋，就能简单地避免遗忘食物。

冷鲜室多为双层，把没用完的蔬菜用塑料容器等装好统一放在上层，这样一打开冷鲜室就能看到，不容易遗忘。

避免遗忘冷冻室食材的基本办法是竖向摆放。把食材用保鲜袋包好，上面写上冷冻日期。快过期的放在最外面，避免遗忘。

从冷鲜室上层的食材开始用起

没用完的蔬菜一目了然。需要10℃以下冷藏的油煎
豆腐、豆芋、魔芋等也能放在这一层，有效活用空间。

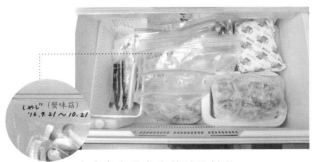

冷冻室多用带密封的保鲜袋

把食材放进带密封的保鲜袋中竖着放在冷冻室内，
写上内容和日期（见放大照片）。我一般会把保质期
也写在上面。

禅寺的钵盂带来的启发，餐具简单且多样为佳

具有多种用途的日式餐具非常实用

云水僧用餐时使用的正式的餐具被称为"钵盂"（又叫应量器），是五种大小不同，可以套放的食器（见第49页）。用餐时打开钵盂包裹取出，用餐后倒一点茶水洗干净，用毛巾擦干再包起来。既简单又实用，让人感佩。

受此启发，我也想备齐这类可以循环利用的餐具，找到的是日式餐具。**日式餐具的魅力在于，不仅适用于日式料理，也同样适用于西餐**。且并非只有单一的用途，而是集简单外形和多用性为一体。

唐草杯就是其中一例。除了用来盛放荞麦面汤这一原本的用途以外，也可以用来盛放配菜，还可以用作咖啡杯或汤碗。并且，和马克杯不同，它可以叠放。这一点也很像"钵盂"，让人十分中意。

用途广泛的唐草杯

上图的唐草杯是陶艺家藤吉宪典先生的作品。可以作为小碗或马克杯来使用。

统一颜色、形状

"钵盂"五个都是同一颜色和形状，不同的只有大小。每一个的大小刚好嵌进上一个，实用性很高。外观也十分简洁美观，久看不腻，充满魅力。

我基本上也是使用一套颜色和形状相同的餐具。无论是纯色系还是带花纹，**只要设计相似风格统一，摆在桌上时无论怎么组合都具有统一感，可以心情平静地用餐。**

收纳方面，如果要叠放不同种类的餐具时，最多叠放两种，这样两种拿起来都很方便。

我本人非常喜欢餐具，总是不知不觉就想买，但购买时一定会非常慎重。只有在觉得现在用的东西可以扔掉的时候才会购买。

风格相近的餐具放在一起

餐柜采用高度能够自由调节的收纳架。同一种餐具叠放在一起。常用的餐具放在取放最方便的正中间。

可以套放的钵盂

漆成黑色的钵盂，正因为样式简单，才能突出盛放在内的菜肴。用布包起来后的样子如左图所示，十分紧凑。

只留下和椅子数量相同的餐具

适量购买使用方便的餐具

　　禅宗教育我们："食器是支撑人类生命的重要容器，增加的其他任何工具也应该慎重使用"。小心谨慎地对待各种使用方便的东西是非常重要的。

　　餐柜里放有豆碟、小碟、中碟、13.3厘米大碗、15厘米的钵、圆钵和唐草杯等。带花纹的只有青花瓷，剩下的基本上都是百搭的简单餐具。最常用的是右边的三种。

　　我们家是根据餐厅的椅子数量来决定餐具的数量。我们家有 6 把椅子，客人最多也就来 6 个，餐具也基本上只留六套。

15厘米青花瓷钵

较深的青花瓷钵，可用作配菜碟或分餐碟。

23.3厘米粉引[1]中碟

最常用的餐具。虽然形状扁平，但因为有一层浅边，也可用于盛带汤汁的菜肴。

13.3厘米漆碗

除了用作汤碗以外，因为隔热性强、非常好拿，也可以用来盛酸奶，非常实用。

1. 粉引，日本的一种陶器烧制方法，是在制作好的泥胎上刷白化妆土，然后在不上釉的情况下用纸热加固，最后再涂上一层透明釉质烧制。——译者注

该淘汰餐具的处理方法

犹豫时尝试以下方法

大家家里的餐柜是不是塞满了从来不用却很喜欢的餐具，或是作为纪念品收到的碗碟呢？容器和衣服不一样，没有过时一说，也不会随便扔掉。这样越积越多，最终变成"总之先这么放着吧"的情况。

只留下真正要用的，多余的全部处理掉就不会感到这么烦恼了。试着处理掉不用的餐具，让餐柜变得整洁起来吧。话虽如此，还是不知道该处理哪些东西时可以试试以下方法。

1. 把餐具从餐柜里拿出来。

从餐柜里拿出所有的餐具，并排摆放在一起。不用考虑太多，总之先一股脑拿出来再说，从"确认"开始。

2. 按照使用频率对餐具进行分类，处理掉很少使用的。

根据使用频率把餐具分为以下几类，"每天使用""偶尔使用""一年用几次"和"完全不使用"。其中"完全不使用"的就是需要处理掉的。

3. 难以处理的餐具可以先试着用一次。

有的餐具非常舍不得扔掉，这时可以先试着用用看。盛放食物之后，就很好判断了。**如果没有"想用这个吃饭"的感觉，就可以处理掉了。**

提
高
洗
碗
效
率
的
窍
门

利用烹调空隙顺手洗东西

　　喜欢做饭却讨厌洗碗和收拾的人应该不在少数。烹调用到的电饭煲、炒锅以及餐具等，如果全都留到饭后收拾，水池里就会堆满厨余垃圾和锅具，最后懒得收拾。

　　首先，思考烹调的各个环节，先从会产生厨余垃圾的切菜环节开始。在准备所有要用的食材时，可以开火把锅烧热，这样可以缩短烹调时间，还能挤出空隙。**烹调时总有一些"空隙"。**

　　武山住持在修行时，似乎都是利用煮汤的空隙来擦拭餐具。同样，煮东西的空隙都可以用来收拾垃圾、清洗刀具等，不浪费一点时间，这样饭菜煮好后，料理台上只剩下少量要洗的餐具，饭后的收拾环节也就不那么辛苦了。

　　饭后洗碗时先洗玻璃制品最后洗带油污的餐具的话，不仅能节约洗洁精，还能避免水池内其他餐具也沾上油污。

　　禅宗里，饭后收拾整齐直至下一餐可以直接着手烹调的整理时间都被视为用餐时间。为了稍微减轻洗碗的负担，好好思考一下烹调的环节吧。

洗碗顺序也要花些心思

考虑餐具的特征再决定洗碗顺序。容易吸油污的的粉引碟泡久容易留下油渍、因此用完就要随手先洗干净。

工具也要用心仔细对待

打磨刀具，提高烹调兴趣

　　《典座教训》中也有关于工具使用方法的教义。其中写道："餐具等各类工具，都要用心仔细洗净擦亮……勺筷等器具也一样，都要**用心检查，小心取用，轻拿轻放**"。它教育我们，对待厨具或容器也要像对待食材一样，无论清洗、拂拭还是摆放，都要十分注意，细致入微。

我也用磨刀石自己磨刀。刚开始掌握不好刀刃的角度和力度大小，总是磨不好。习惯之后，听见磨刀的唰唰声心情会渐渐变好，磨刀时的注意力也越来越集中。此外，不可思议的是，用打磨锋利的刀来切菜时做饭的心情也会变得明快起来，越来越热爱烹调，越来越愿意做饭了。

除了刀具以外，水壶或锅等厨房用品也要定时检查，固定一个时间，大约每月检修一次。

每月一次，擦拭水壶

不锈钢壶或搪瓷壶大多直接放在外面，容易沾染油污。只要好好擦拭就能像新壶一样闪闪发亮。

自己磨刀

使用两种磨刀石，磨刀的时间也是非常重要的。锋利的刀具可以带来好心情。

水槽、烤箱、排气扇要定期修整

禅宗认为，厨房里的厨具总是干干净净的，水槽和料理台也总是擦得铮亮的人一定具有高超的烹调技巧。不仅仅是菜肴本身，一切和烹调相关的东西都要上心，无微不至。

禅语有云："照顾脚下"。这句话非常有名，意思是"要时刻关注脚下"，可引申为要整理好脱下的鞋子。要整理好鞋子，没有一颗想要整理的心是做不好的。同样，对于厨房工作来说，如果没有一颗收拾整理的心，没有把所有东西放在心上的话，行动就会变草率马虎，就算强迫自己花心思，饭菜也很难做好。

厨具和餐具是每天都要使用的，因此用完就会清洗。而水槽内部、烤箱和排气扇等东西很可能不知不觉好几个月都没有清洗。正因如此，更要制定"水槽内部和燃气灶的锅架每周清洗一次""烤箱和排气扇每月清洗一次"之类的计划，固定时间，将打扫习惯化。

培养自己的节奏，偶尔借助专业人士的力量

有人会因"不得不打扫干净"的想法而感到精神有压力。为了平衡心情，以我自身为例，晚饭时间超过12点我就不会洗碗了，只把餐具泡起来，第二天早上和早餐用过的餐具一起清洗。

每年十一月，在年底变得忙乱起来之前，我也会请家政工人帮助打扫。家政工人不仅能打扫干净平常清洁不到的角落，还能传授一些专业人士才懂的技巧，这部分花销是非常值得的。

水槽内部也要擦洗干净

每周一次，将水槽内部刷洗干净，再用干毛巾擦拭。

准备足够的毛巾

根据用途分类使用

　　正眼寺的厨房里晾着好多毛巾。在禅寺中，毛巾被称为"净巾"，净巾和抹布按用途分类使用。抹布用于擦窗户、窗棂或是地板。用餐时摆好的餐桌用净巾擦拭，饭后再擦拭一遍。净巾还用于擦拭佛坛或佛具，因此我们可以看出，用餐的地方应该和佛坛一样干净。

　　我准备了三种毛巾，分别是干毛巾、清洁毛巾和厨房毛巾。

　　干毛巾用于擦拭餐具或锅具等，因此要常用带除菌效果的洗洁精清洗并好好晒干。清洁毛巾用于擦餐桌或厨房的料理台等，可以用洗衣机洗涤。**厨房毛巾可以用来擦刀具，或是作为过滤器的替代品使用，还能用来蒸食物，用途多样且方便。**它会接触到直接入口的食物，因此一定要做好除菌。材质方面，干毛巾可以采用易干的薄毛巾，清洁毛巾可以采用容易擦去污渍的厚毛巾，厨房毛巾则适合采用纱布等材质细腻的毛巾。

　　重要的是不要模糊各类毛巾的用途，而是明确其各自的使用场合。我把它们统一放在一个地方，分类摆放，很容易区分。这些毛巾一直保持得很干净，如果清洗后还有明显的污渍，就再换新的，旧的用作抹布。

三种毛巾

照片从右到左依次是餐具用、餐桌用和厨房毛巾。厨房毛巾可以在手工艺品店买到。

家中几个地方

家庭垃圾分门别类地放在

厨余垃圾不要留在过滤网里，而应放在除臭袋内

　　家庭垃圾中最让人苦恼的应该就是食材的残渣和残羹冷炙等厨余垃圾。特别是暑热的夏天，如果厨余垃圾长时间放在家里，厨房里就会飘着一股令人厌恶的臭味。

　　原本禅的一大前提就是烹调食物时不要留有残渣，用餐时不要剩饭。蔬菜的皮等可用于熬制汤汁（详见第89页），事先制定菜单也能避免食材购买过量而导致浪费。

即便如此，多多少少还是会产生一些厨余垃圾。很多家庭都会在水槽里装过滤网，但过滤网本身就很滑且沾有污渍，不得不洗。这会产生额外的家务负担，到最后会越来越不想清洗过滤网了。这样一来，水槽里就总是脏兮兮的。

为了避免这种情况，**我没有在水槽里放过滤网，而是在水槽边放了除臭袋**。厨余垃圾放在里面，把水过滤干净后封好除臭袋再扔进垃圾桶里。

厨余垃圾扔在除臭袋里

除臭袋可以在家居中心等地方购买。袋子很小，可以频繁更换，这样就不会散发臭味了。

因为除臭袋很小，可以频繁地扔进垃圾桶里，当然也不会在水槽里留下污渍。首先要尽量避免产生厨余垃圾。不得不产生厨余垃圾时，就放进除臭袋里扔掉。这是保持厨房清洁的秘诀。

我们家的垃圾桶放在三个地方

在日本垃圾分类越来越严格，需要更多的垃圾桶，经常有人抱怨不知道该把它们放在哪里。确实，把所有垃圾桶都放在一起的话太占地方了，扔起来也很麻烦。**我们家的垃圾桶分别放在厨房、储藏室和起居室三个地方**。厨房的垃圾桶用来扔可燃垃圾和塑料制品，起居室的垃圾桶用来装可燃垃圾，玄关附近的储藏室则放着可以收纳可燃垃圾、纸、塑料以及其他垃圾的大号垃圾桶。所有垃圾在到定期扔出去的日子之前都可以放在储藏室，由于离玄关很近，到时间了可以立刻拿出去。

东西多的家庭可能会有大量的纸袋子。必须注意，如果不及时扔掉，袋子的数量就会一直增加下去。

储藏室位于动线上，是垃圾箱的主要放置处

储藏室离玄关和起居室都很近、并且关上门之后就能隐藏起来，最适合用来收纳垃圾箱。我们选用了容易打开方便丢垃圾的踏板垃圾箱。

在我们家，一旦有了纸袋，会先放进纸袋专用垃圾箱，如果还有用再拿出来即可，重点是要能够轻松地放下。禅宗教导我们要"不执着"。纸袋无需成本，可以轻易舍弃，因此非常适合用于练习减少东西。顺便提一下，收好的纸袋其实几乎没有再拿出来用的机会。

第二章

陶冶身心：

食

用『禅心』烹调食物

社会上与"食"有关的信息数不胜数

我结婚已经9年了，就算原来喜欢烹调、擅长烹调，也会把它看作一种不得不去做的家务活。结婚后，丈夫突然迷上了种蔬菜，当季的蔬菜等几乎都是自家种的。从那以后，"总想着把蔬菜做好做精"就成了对烹调产生兴趣的动机。

但是，像是"应该做某事""不该做某事"这类有关"食"的信息实在太多了，最后反而让人变得不知道该做什么，该怎么做了。

这时，我接触到了禅宗里的"食"。禅宗中，烹调和用餐都被视为一种修行，具有各种各样的教义。

为了家人的健康和笑容，要常怀"三心"去烹调食物

说到禅宗的"食"，很多人会联想到"精进料理[1]"。《典座教训》有云，**精进料理中重要的是"喜心、老心、大心"这"三心"**。

所谓"喜心"，是指感恩制作食物这份工作，怀着喜悦的心情去制作食物。所谓"老心"，是指像父母疼爱孩子一样，怀着深厚纯粹的爱意去制作食物。所谓"大心"，是指拥有毫无偏袒的博爱之心，无论是何种食材，无论用餐者是谁，都能怀着同样的心情去制作食物。

烹调变得有趣起来了

修习之后，烹调这件事就变得充满乐趣了，就算忙碌也会想办法挤出烹调的时间。

1. 精进料理，日式素食，斋饭的一种。——译者注

同样，作为肩负着制作家庭料理责任的人，我也学会了必须常怀"三心"。

烹调从"不得不做的工作"到"愉快的工作"，再到"为了家人的健康和笑容而做的工作"，慢慢会有意识地留出烹调的时间。这样一来，生活节奏就会变得张弛有度起来，煮东西时食物发出的咕噜咕噜声会让人心情愉悦，食材变成佳肴的过程也会让人很兴奋。

选择当季食材，而非流行菜式

如果电视或是杂志总是宣传"现在某某菜式或者某某食材非常流行"，人们自然而然会想去尝试。然而，流行菜式一般只做一次就会被抛到脑后，很难成为固定菜式。如今网上也有很多各种各样的食谱信息，如果一味照单全收，光是这些信息就会让人精疲力尽。

这种情况可以简单地遵循禅的教义。

《典座教训》有云，典座**要用心选用当季食材，准备富有变化的菜肴，让修行僧们心情愉悦地用餐，保持身心愉快。**一份好的菜单一般要满足以下条件：

1. 使用当季食材；
2. 采取各种方法烹调，食之不过饱；
3. 色味俱佳，营养丰富。

只要牢记这三点，应该就能制作出令人满意的菜单。在制作第一章的菜单表时，如果对选择哪些菜肴感到犹豫不决，就选用当季食材吧。同样的食材只要使用不同的方法进行烹调就不容易吃腻。

当季食材的营养价值也很高

正眼寺的食品仓库中摆着许多当季的蔬菜。据说在其最美味的季节食用有益身心健康。

向典座学习「食」

拜访禅寺，参观真正的典座工作

如果能带着积极的心态烹调食物，就会对禅宗的"食"产生更大的兴趣。出于想要观摩典座的烹调工作的心情，我向正眼寺提出了参观学习的申请。这是因为学习《典座教训》最好的方式就是观摩典座实际的修行状态，看他们是怎么对待烹调的、有多么重视这份工作。

正眼寺到现在都保持在土灶上烹饪的习惯。我前去拜访时，正好赶上他们在准备叫作"斋座"的午饭。"斋座"是指大麦饭和味噌汤，由蔬菜做成的一菜一汤。

有条不紊、专心致志地烹调食物

　　这一天正好有附近的孩子来这里修行，"斋座"选用了稍显豪华的焖饭。寺院的厨房里，摆放着切得整整齐齐的蔬菜、洗好滤干的大米等，让人一眼就能看出做了细致的准备。

　　往灶里放入木柴并点上火，首先焖饭，饭焖好后进入蒸的阶段时，把燃烧的柴火转移到煮汤的灶里。用蒸米饭剩下的柴火来熬汤。这种**不浪费一丝一毫且安排得井井有条的工作让人目不转睛**。

正眼寺的饭前准备工作

典座在按阶段准备食物时，没有一丁点多余的动作，有条不紊的样子让人钦佩。其对待食材认真的态度也让人印象深刻。

做好的饭菜虽然只是简单的焖饭、清汤和清炖南瓜，但切口刮圆的南瓜等看起来干净清爽的食材十分诱人。

温润的味道让人内心安宁

一口咬下去，食物的味道温和而细腻，令人惊讶。当季蔬菜本身所具有的甘甜和美味在舌尖上跳跃，让人感觉食材又重获新生了。**制作精细的食物让人不由得想要好好品尝，细嚼慢咽地品味后，胃和心灵都十分充实。**虽说菜量不大，但吃过这些之后，云水僧们都有了工作的干劲，趁此机会我们也可以反思自己平常是不是吃得过饱，消耗了很多不必要的食物。

有滋有味的菜肴，令人感动

享用分赠的斋座(午餐)。明明没有任何特殊食材,仔细品味后,却让人感到十分心满意足。

不浪费燃料

焖饭做好后,把还在燃烧的木柴转移到熬汤用的灶里。

切口整齐的南瓜

切得整整齐齐的南瓜。外形美观,恰到好处的调味让食材重获新生、味道甘美。

从寺院料理到家庭料理

三德六味是精进料理的基础

《典座教训》中提到，料理必须苦、酸、甘、辛、咸、淡"六味"调和，还要柔软德（柔软甘和不粗涩）、清净德（清洁无荤秽）、如法德（随时措办、制作得宜）"三德"俱足。据说没有这些是无法给修行僧们提供饮食的。

六味调和、三德俱足，这对精进料理来说非常重要。

为此，制作料理的人必须一丝不苟，不遗漏任何微不足道的小事。在日式料理中，一般重视"五味"，但这里还多加了一个"淡味。"这是为了突出食材本身所具有的味道。

从熬制汤汁开始入手

在精进料理中，熬制保有食材原味的汤汁时不会使用鱼类和贝类。一般使用昆布（海带科植物海带，亦称"黑菜""鹅掌菜""五掌菜"等）和干香菇，有时也会两种一起使用。

熬汤并不是一项复杂的工作，只要花费一点时间和精力就能做成。下面给大家介绍一下我的方法。

认真试味的典座

典座一个人决定了所有云水僧所用食物的味道。了解食材味道也是典座一项重要的修行内容。

昆布：为了使用方便切成大小约5厘米的三角，每碗一张加水浸泡，放入冰箱冷藏一晚。

干香菇：加水至刚好没过香菇，放入冰箱冷藏一晚。使用时轻轻挤压泡好的香菇，然后从碗里取出，泡过香菇的水留用。

不需要任何特殊步骤，只需浸泡即可。但无论做什么菜，这一汤汁都会成为重点。如果采取保证汤汁原味的提味方式，就能感觉到食材的本味重获新生。当然，熬汁后的昆布也能派上用场。正眼寺的僧侣会把昆布切细，用作味噌汤的配料。我自己一般用于佃煮。干香菇则可以做成焖饭、日式豆腐杂煮等，活用于各式料理。

用基础调料突出食材本味

精进料理的基本调料只有昆布出汁[1]、酱油、白砂糖、盐、酒、味精这些简单的东西。根据不同的食材选择合适的调味料和用量，可以激活食材本味，令人回味无穷。了解食材本味，也就是了解食材的季节性味道，这可以改变对料理的认识。

---

1. 出汁，日本料理中用来充分率引出原材料原味的调味料，是日本特有的一种调味品。——译者注

用调味料突出食材本味

上图是正眼寺所用的调料。过重的调味容易掩盖食材本身的味道。以淡味为基础，调味料只用于突出食材本味。

昆布出汁专用水瓶

为了便于保存出汁，把昆布放进专用水瓶中，然后存进冰箱。需要的时候可以立刻取出。

香飘四溢的
香菇焖饭

〰〰〰〰〰〰〰〰〰〰〰〰〰〰〰〰〰〰〰〰〰〰〰〰〰〰〰〰〰〰〰〰〰

　　禅寺的午饭基本都是大麦饭，但在有客来访或忌辰等特殊的日子，也会在米饭中加入配料，做成焖饭。

　　正眼寺的焖饭配料，虽然只是香菇和油炸豆腐这样简单的东西，但充满干香菇的独特风味。

　　香菇和油炸豆腐的滋味，也似乎都默默沁入身体之中。

材料（4 人份）

大米……2 杯

干香菇……2 个

油炸豆腐……一片

★干香菇水……400 ml

★酱油……2 大匙

★盐……适量

步骤

①干香菇泡发，泡过香菇的汁水备用。大米洗净用水浸泡。

②泡发的香菇按轴心切成薄片。

③油炸豆腐切成薄片，去油。

④大米泡好后，晾 30 分钟左右，直至水分完全沥干。

⑤把米倒入电饭锅中，加入所有带★的调料，搅拌后加入配料焖煮。

⑥焖煮完成后搅拌均匀。

注：第 80 ～ 85 页的菜谱均将寺院料理调整为便于家庭制作的料理。

软糯温热、清甜可口的炖南瓜

为了激活南瓜本身的甜味，以淡味炖煮，使味道绵软柔和。南瓜的颜色也能让人感觉到温暖，是精进料理中高人气的固定菜式。简单却精细地烹调后，顷刻间唇齿留香。

不同种类的南瓜，本身所具有的甜味也不尽相同。选用合适的调料，打造属于自己家庭的味道。

材料 (4人份)

南瓜……1/4 个

★酱油……2 大匙

★酒……4 大匙

★白砂糖……3 大匙

★甜料酒……1 小匙

水……能浸没南瓜的量

步骤

①南瓜去籽去瓤，切成方便入口的大小。

②把带皮的一面刮圆，避免煮烂。

③将带★的调料加入锅中煮沸，白砂糖融化后转小火，把南瓜带皮的一面朝下，并排摆放。

④盖上锅盖慢炖 10 分钟。

萝卜风味浓郁的清汤

　　活用精心制作的昆布出汁，最大限度地突出其美味的清汤。

　　配料只有裙带菜和萝卜，虽说简单，却突出了萝卜生脆爽口的口感。

　　存储好的干裙带菜，既营养又耐饥，是精进料理中不可或缺的食材。

材料 (4人份)

萝卜……100克

干裙带菜……适量

昆布出汁……5杯

★淡酱油……2小匙

★盐……2/3大匙

★酒……2大匙

★甜料酒……适量

步骤

①萝卜切成细长条备用。干裙带菜泡发。

②把萝卜和昆布出汁倒入锅中炖煮。

③萝卜炖烂后，加入带★的调料和泡过干裙带菜的水煮至沸腾。

把自己当作食材可以提高烹调水平

苦恼于烹调方法时可以把自己当作食材

《典座教训》有云："食材食具，即如己身"。"食材＝自身"究竟是什么意思？正为此烦恼的时候，梶浦逸外老师的著作《精进料理的终极奥义》（译者译）给出了答案。**把食材当作自身来考虑的话，就会明白如何料理才能让人心情愉悦，自然而然就能找到烹调方法。**这一思考方式的存在本身就让我大为惊异。

做竹笋时把自己当成竹笋，做松茸时则把自己当成松茸。白萝卜和胡萝卜也一样。

　　把自己当作食材，熟悉其本味，同时引出各自的风味，思考如何才能融合各种味道做出美味的菜肴。学习这一教义后，我对食材有了前所未有的认识。拌、碾、炸、煮，在烹调的过程中思考食材的特征或同类食材的特性，使用同一种蔬菜的菜品数量自然也就增加了。

心怀感恩处理食材

　　禅宗中对食材持有的"结缘"的思考态度也让人感佩。一份蔬菜，从农民辛苦培育，到摆放在超市货架上之前，还有许许多多的步骤。每一步都经过不同的人。禅语有云，**"所有食材都需经百人之手才能称之为食材"**。经过这些流程到达自己手中的食材，不由得会让人觉得是一种缘份。

准备好的蔬菜

食材切整齐备用，摘除坏掉的部分。把自己当作食材，思考最美味的状态，做好烹调的准备。

禅宗经常提到的"感恩"一词，原本是为了表示对先祖的感谢之情，但我认为对于默默培育食材、运送食材的人们也应当抱有感恩之情。如果常怀"感恩"之心，发自内心地感谢，自然而然就能理解食材的感受，能够把自己带入食材进行思考。

感受食材的生命，郑重对待

精进料理非常重视"一物全体"的教义。这意味着有生命的东西整体呈平衡状态，因此要用尽素材的每一个部分，避免浪费。

在这种思考方式下，蔬菜中可以摘除的部分也不能浪费。白萝卜的皮可以用来炒牛蒡丝，萝卜叶可加甜辣佐料炒制，俨然一味不错的小菜。这样一来，无论哪一部分都不是多余的，可以物尽其用。

此前，我曾经从料理培训师兼子尚子老师处学习了**用蔬菜中废弃不要的部分熬汤的方法**，并付诸实践。方法非常简单。

1. 把卷心菜芯、洋葱皮、南瓜瓤和籽之类蔬菜剩余的部分清洗干净放入锅中。1.3升水配两把蔬菜最佳。

2. 加入水和一大匙料酒，小火煮30分钟，煮至冒泡后过滤出汤汁。

这样，一份兼备多种蔬菜风味、味道柔和，只要加一把胡椒盐就能充分入味的蔬菜汤就完成了。蔬菜皮或籽含有果实没有的营养，把蔬菜整个吃完，从营养方面和口味方面来说对身体都有好处。

用心烹调，注意不浪费食材的任何一个部分，可以加深对食物的感谢之情。

用蔬菜皮熬汤

不浪费蔬菜剩余的部分，物尽其用的蔬菜汤。蔬菜种类越多越美味。

准备工作占烹调时间的八成

烹调从切食材开始

"八分计划，两分工作"，这句话同样适用于烹调。计划，即事先准备工作，如果做到了八分，剩下两分料理过程也会非常顺利。基本计划如下所示：

①准备好所有的材料，一起清洗干净，再一起去皮、切好。

②如果有要煮的东西，事先在锅里烧好热水一起煮。

③准备好适量的调料。

接下来按照烹调顺序，从所需时间较长的东西开始做起。特别是要煮的东西，因为晾凉后更为入味，可以先开始做，在等待期间同时做其他工作，这样就不会浪费时间了。在正眼寺，焖饭用的大米也会事先晾好、滤干水分，油炸豆腐或香菇等所有材料分别装在小锅里，要煮的时候和大米一起倒进大锅中。

考虑到如何收拾整理的同时有计划地烹调

做准备时，为了不频繁地清洗刀具，可以按照先切蔬菜、最后切鱼肉的顺序。此外，**在煮东西的同时可以在炒锅上炒菜，做好后用煮东西剩下的水来洗锅，可谓一石二鸟。**这样高效率地洗好锅具，饭后只要洗碗即可。

切蔬菜也要做好计划
焖饭用到的配菜要事先泡发、切好、做好一切准备后再开始烹调。

真心实意地说一声『我开动了』

吃饭过于随意会让人感到空虚

　　忙碌的一天中的用餐时间，总是不由自主地边看手机边吃、边用电脑工作边吃、边看电视边吃……无论是在公司还是在外面的餐馆，这样"吃饭随意"的情况随处可见。就连我自己，在家时也有忍不住边看手机边吃的情况。现在想想，完全不记得自己那时候到底吃了些什么、怎么吃的，当然更不可能发自内心地觉得美味了。换一个角度来说，想想本书一直提到的家人，如果看见大家漫不经心地吃着自己精心准备、饱含感情的食物，会是什么样的心情呢？

不仅会伤心，还会感到空虚，难得的用餐时间却变成了一件让人痛苦的事情。

喝茶便专心喝茶

有一句我非常喜欢的禅语，"遇茶吃茶，遇饭吃饭。"意思是"喝茶时便专心喝茶，与茶融为一体。吃饭时便专心吃饭，与饭食融为一体"。夹一筷子吃一口，一点一点仔细品味，这虽是禅宗的教义，但对我们的日常生活也有重要的指导作用，拥有一颗重视食物的心最重要。

不要一心二用

茶道中也有"手上的事情不要同时进行"的说法、我正学着专注于眼前的事情。

思考"我开动了"的含义

吃饭的时候双手合十，说一句"我开动了"，大家应该都知道要这么做[1]。然而，这究竟是指"开动（收下）"什么呢？

当然首先是指开动（收下）眼前的食物，但用于烹调的鱼肉、蔬菜、海藻类、以及水果或其他植物的果实等，一切食材都是有生命的。我们人类为了生存，需要这些生命的支持。**对所有生命表示感谢的词语就是这句"我开动了"**。精进料理不食用的动物，一旦失去生命后也无法再次重生。这样想的话就能明白"我开动了"这一含义的重要性了。

然而，这种双手合十说"我开动了"的用餐方式，似乎最近也很少见到了。我们人类为了生存，需要用所有食材维持自己的生命。仅仅双手合十在心里默念一声"我开动了"，也能让人充满感恩之情，自然而然就会挺直身躯，用餐时的仪态也会变得更加优雅。

---

1. 此处为日本人的餐前礼仪习惯，原意为"我收下了"。——译者注

对云水僧来说，吃饭也是一种修行

《赴粥饭法》这本书讲述了云水僧用餐时的精神准备工作。除了用餐时进入僧堂的方法、对待餐具的方法、喝粥的方法以外，还有不交谈、不发出声音、不窥伺旁人的餐具等云水僧应当遵守的用餐方法，一共五十多项。读完这本书，就明白了吃饭也是一种修行，要抱有极大的感恩之情。

云水僧不说"我开动了"。但他们要在饭前诵读大量的《般若心经》等经文。代表性的有《食时五观》。这是反问自己是否配得上眼前的菜肴，教授应如何对待餐食的教义。由于它同样适用于普通的餐食，因此我在此进行简单的说明。

吃饭也是一种修行

图为正眼寺午饭的场景。云水僧们一言不发、仔细品味饭食的姿态教会我们"食"的意义。

《食时五观》

一、计功多少，量彼来处

食物在送到眼前为止要经过许多人的劳作和神佛的护佑，对来之不易的食物表示感谢。

二、忖己德行，全缺应供

思考自己的德行，是否对眼前的食物受之有愧。

三、防心离过，贪等为宗

对眼前的食物不起贪痴心、嗔恨心。

四、正事良药，为疗形枯

应将眼前的食物视为饱含天地精华、滋养肉身的良药。

五、为成道业，应受此食

起誓是为实现远大抱负而接受这一食物。

对他人也要有分而食之的态度

禅宗里有种做法叫作"生饭（又称散饭、出食、生食、众生食等）"，是在饭前事先取出 7 粒米饭，饭后把它散给水池里的鲤鱼或树上的鸟儿。禅宗教育我们，原本吃饭就不是只要自己吃饱即可，拥有**供养众生的信仰**非常重要。无论是《食时五观》，还是"生饭"，都是禅宗对于"食"的思考方法，是为了让我们注意到平常被遗忘的事物。

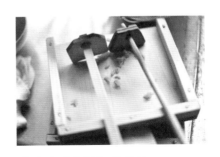

感动于"生饭"的做法

用餐完毕，把所有人的生饭集中盛在被称作"生盘"的器具上，拿到外面施给野鸟或鱼。体现了对他人的慈悲之心。

姿态优雅地用餐

双手捧起碗碟，夹一筷子吃一口

在正眼寺旁观了云水僧们用餐的样子后，我深深惊异于那种不闻一声的寂静场景。肃静地用餐。看着他们吃饭，只会感叹竟有如此优雅的用餐方式。

禅寺中，用于坐禅的僧堂与浴室和食堂这三个地方，被称作"三默堂"，需严守缄默。特别是**在食堂里，说话声、筷子和餐具的碰撞声，甚至咀嚼的声音都是被禁止的。**此外，必须双手托钵，吃饭时尽可能地把碗靠近自己的脸。一旦双手把碗放下后，再次拿起时也要双手拿起。

当然，在这之间还要放下筷子。云水僧优美的用餐姿态就在于吃一口放一下筷子。

纠正用餐姿势，正确对待"食"

　　普通家庭中，用餐是家庭交流的场合，因此像云水僧那样静默无言是不现实的。但我们可以学习他们优雅的用餐方式。

　　使用碗筷时，双手捧起，拿着饭碗时眼睛不要看向其他菜。吃饭时也不要发出声音。把注意力集中在吃饭这件事上，细细品味。**注意一直保持良好的姿势用餐，自然会对"食"产生感恩之情。**

一声不响地用餐

听不见吃饭声音和碗筷声音的静默的场景。安静用餐的姿势传达着对食物的感恩之情。

第三章

清心怡神：

扫除

扫除是为了磨砺心灵

了解扫除的意义

其实，扫除就是为了干净。这是一件非常麻烦的事情，说实话，如果不打扫也能变得干净的话，就不想打扫卫生了。但是，在每天的日常生活中，厨房、洗手间、玄关都会不知不觉地变脏。这样一来，虽然一开始是不得不打扫，但在打扫的过程中，家里慢慢变得干净整洁，心情也随之清爽了起来。

拜访正眼寺时，云水僧们正在打扫正殿。地板明明还闪闪发亮、一尘不染，为何还要仔细扫除呢？我觉得非常不可思议。

禅语有云："一扫除二信心"，意思是扫除为首要之务，完成后才会产生信仰之心，把扫除放在比信仰还要重要的位置。云水僧们的扫除，正是这一禅语的体现。

扫除是磨砺心灵的工作

在禅宗中，人们必须时时拂拭内心的尘埃，即对金钱和名利的欲望等烦恼。这一行为就是"扫除"。在扫除的过程中，房间变得整洁，心情变得清爽，与此同时内心的尘埃被拂拭干净，心灵得到磨砺。磨砺心灵的工作正是禅所指的扫除。

扫除是为自己而做的

麻烦的扫除工作很容易被一拖再拖。要有扫除不是"为了客人"，而是"为了自己"的意识，这样更容易把扫除变成习惯。

规律化扫除

日常活动和扫除同步

云水僧们每天都要进行被称为"作务"的工作。禅语有云："一日不作，一日不食"。意思是一天不工作的话就一天都不吃饭，这是云水僧生活中根深蒂固的思考方式。作务主要就是扫除。起床后所有的活动时间都被安排好了，扫除的地点和时间也都是固定的，更要专心打扫。同样，日常生活中，如果固定扫除的时间和地点，就能把扫除变成习惯，打扫起来也就不那么痛苦了。

因此，我制定了扫除的时间表。比如，把早晨出门前的五分钟作为扫除时间，关掉手机，专心打扫。擦拭穿衣镜、用吸尘器清除换衣间的毛发、用毛巾擦去洗脸池四周的污渍。做完这些大概需要五分钟。

按星期划分扫除地点

　　规律化扫除的方法之一，是按星期决定扫除地点。比如：周一打扫玄关、周二打扫厨房、周三打扫浴室、厕所和洗手间等用水场所、周四打扫庭院、周五打扫起居室，固定日期，并规定每次 30 分钟的打扫时间。如果能和每天清晨五分钟的扫除计划相结合，污垢就不会一直积压了。

出门前花五分钟扫除

卫生间是非常容易脏的地方，因此每天都需要打扫。固定每天出门前打扫这里的话，就能养成习惯了。

让人爱上扫除的小窍门

为了提高扫除的积极性，我会把洗涤剂倒进自己喜欢的容器里保存。比起市面上售卖的容器，自用的容器外观更为简约。这些小细节出乎意料地会让扫除变得有趣起来。接下来就是每天坚持自己制定的规则了。坚持就是力量，无须思考过多，只要每天在固定的时间打扫固定的地方即可，这样家里自然而然就会变得干净整洁，心灵也自然而然得到了洗涤。这样一来，非但不会觉得打扫是件痛苦的事情，对于扫除的心态反而变得积极向上了。

让小扫除简单易行

为了只在规定好的时间内进行扫除就能保持整洁，养成每天看见脏东西就随手清洁干净的小扫除习惯很重要。比如在玄关放把扫帚和纸篓，水泥地脏了就立刻扫干净。卫生间放上无线吸尘器，头发吹干后立刻吸走地上的毛发。

这些都是只要短短几分钟就能完成的事情，重点是打扫工具要放在眼前伸手就能拿到的地方，而不是要特意去拿的地方。这样大大降低了内心对于打扫的抵触情绪。

玄关放上扫帚

鞋柜里放一把扫帚。如果能在整理鞋子的同时顺手打扫一下水泥地，每周玄关扫除的日子也会变得轻松。

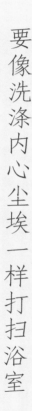

要像洗涤内心尘埃一样打扫浴室

禅寺的浴室是非常特别的地方

在禅寺中，"浴室、食堂、僧堂"一起被称作三默堂，是必须严守缄默，保持整洁干净的重要场所。云水僧们不能发出较大的声音，要安静地走进去，安静地清洁身体。浴室和洗手间一样，因为是谁也看不见的隐私场所，才更容易释放自我。禅宗认为，正是这样的场所才更应打扫干净，使杂乱的内心得到洗涤。**如果浴室霉菌丛生，内心也会随之滋生"霉菌"，如果不仔细清洗身体，那么心灵的尘埃也得不到清洁。**水乃生命之源，用水场所被污染的话，心灵也会受到污染。为了洗涤内心尘埃，把浴室仔仔细细地清洁干净是非常重要的。

浴室中的污渍可用酸性洗涤剂清除

浴室中最麻烦的就是发霉了。为了避免滋生霉菌，要养成沐浴后顺手擦干净墙壁和门上附着的水汽的习惯，才能很大程度上预防霉菌的滋生。即便如此，由于浴室每天都要使用，还是很容易变脏。污渍产生的根本原因在于肥皂屑和水垢，用酸性的柠檬酸水溶液可以有效去除。每周做一次除垢吧。

使用柠檬酸水溶液

在浴室门、排气扇口等地方使用柠檬酸水溶液去除污垢。然后用冷水冲洗，不要用热水，这样不会产生湿气。

東西越少，扫除越轻松

首先减少扫除用具

　　我的工作是对家庭的整理收纳提出建议，因此在自己家也时刻谨记，生活要清爽整洁，不要乱添东西。然而，有一天我在家中环顾四周时，**发现家里有各种各样打扫卫生用的洗涤剂**。厨房用、浴室用、厕所用、窗户用、地板用……实际上，其中不乏从未用过的洗涤剂。光是存放这些就占据了不少空间。这种情况下，我的室内设计师建议使用 UTAMARO 洗涤剂。不容易伤皮肤的中性洗涤剂既可以去除厨房油污，又可以清洁地板，在那之后它就成了我们家主打的洗涤剂。不仅很少出现忘买洗涤剂的情况，收纳空间也扩大了。

禅寺的打扫用具只有三种

正眼寺使用的打扫用具只有扫帚、水桶和毛巾三种。地板用米糠打磨，不使用洗涤剂类产品。即便如此，仍然光亮如镜。因为每天都要擦洗，污渍不会累积。可见，这一点非常重要。如果脏了就马上清洁干净，就不需要强力的洗涤剂了。

我们家主打的洗涤剂

液体状的 UTAMARO 洗涤剂是我们家的固定洗涤用品。洗涤剂的数量减少后，自己也能从忘记买洗涤剂的压力中解放出来了。

从堆在地板上的东西开始清理

不整洁的房间里地板一定会堆满东西。让房间看起来干净整洁的诀窍就是不要在地板上放东西。只要占了房间大部分面积的地板看起来宽敞，家里就会像收拾好了一样清爽。

如果地板上堆满东西，用吸尘器的时候要一边移动一边清洁地面，这样增加了打扫的工作量，让人觉得非常麻烦。所以，不要把地板作为收纳场所来考虑。

容易放在地板上的东西要固定其收纳位置进行整理。如果固定了收纳位置，想再增加物品时，要考虑是否将不用的东西扔掉。这样就不会去买多余的东西了。为腾出收纳空间，需要做到以下两点。

①将家中所有收纳空间腾出百分之二十的空余。

哪怕是暂时性的也好，只要把东西放进这一空间，地板就能保持整洁清爽的状态。

②最晚也要在用完后第二天把东西回归原位。

只要养成这一习惯，就能避免将东西乱扔在地板上。地板清爽，自然就有了打扫的动力。扫地机器人移动起来更方便，房间也更加整洁。让我们首先学习彻底贯彻"东西不要扔在地板上"的原则吧。

设置临时放置空间非常有帮助

我家有一个固定的临时放置空间，用来放还没有决定是扔还是不扔的快递、需要处理的书籍等暂时拿出来的东西，或是要收拾但暂时没时间收拾的东西。由于遵循第二天一定要收拾的原则，房间从来都不会显得散乱。

创造临时放置空间

起居室的橱柜是我的"临时放置空间"。这只是临时放东西的地方，第二天就收拾整齐了。

制定扔东西的计划

学会扔东西，心境更轻松

　　家里的东西不知道什么时候就变多了。衣服或餐具等无法轻易扔掉的东西似乎也不少。事实上，我也很不擅长扔东西。扔东西时要想想这句禅语："本来无一物"。人类原本就是两手空空地来到这个世上，在生存的过程中会让各种东西围绕在自己身边，不愿放手。其实这也是一种执念。无论扔掉什么，失去什么，终究不过是回归原本的姿态。

　　拥有的越多越幸福，这难道不是一种误解吗？如果拥有太多自己都无法管理的东西，就严格地选出自己真正需要的吧。如果无法判断哪些是可以扔掉的，就设定一个期限，比如扔掉三年都没有穿过的衣服等，定期检查。

难以割舍的东西就规定好扔掉的日期

有一些东西就算想扔掉也无法立刻扔掉，比如家人的东西、不可燃物品、家具等。这类东西可以固定统一整理的时间，和家人商量后先从规定时间开始入手。大型垃圾等要调查回收日期，把整理的日子放在"垃圾回收日的前一天"，这样收拾起来更简单易行。

夫妇二人注销的银行卡

不知不觉银行卡已经多得有点夸张了。由于销卡需要本人亲自前往，于是和丈夫打好招呼，让他在休息日的早晨去银行注销。

扫除的基本工具——扫帚和毛巾

只要一块毛巾就能让家里变得整洁

　　毛巾在清理吸尘器够不到的、边边角角的污渍时非常具有优势。用毛巾的时候需要低下身子，降低视线，因此很容易注意到污渍。看到擦过后变得脏兮兮的毛巾，就知道自己打扫得多干净了，会让人很有满足感。

　　只要有一块毛巾就能把家里擦拭干净，但在禅寺中，毛巾分为抹布和净巾两种。净巾是用于拂拭餐桌、佛坛或者佛具的，要用干净的布拂拭需要拭净的地方。大多数家庭也是将擦地板和擦餐桌的毛巾分开使用的。

好好分开使用，可以让家里干干净净的。然而，大家在拧
毛巾的时候，是不是都有横着拧的习惯？其实竖着拧更好使劲，
可以参考图片的方式。

① 卷起毛巾
毛巾用水浸湿后卷成细长型，一只手抓
住其中一头，手心向上。

② 竖着拧
另一只手抓住垂下的另一头，双手
一只在上一只在下，然后动手拧。

117

让玄关保持清爽的方法

玄关是物品数量和收纳平衡极容易被破坏的地方

玄关是一个家庭的门面。踏进家门时的第一印象很深刻，容易产生对这个家的整体印象。鞋子自不必说，不少家庭的玄关还放着雨伞、高尔夫球包、孩子的玩具、球等东西。鞋子也不收拾就那么扔在那里。如果所有家庭成员都这么做的话，玄关的地面瞬间就会堆满鞋子和其他东西。

原本"玄关"这个词是从佛教中引申而来的，"玄"指的是入道，"关"是关门。即"为了入道而关上大门"的意思。由此我们就明白了为何此处必须保持干净整洁。首先从减少放置在玄关的东西开始入手吧。像过季的鞋子、婚丧嫁娶等重大场合才穿的鞋子这类不怎么使用的东西就装在盒子里放在鞋帽间。鞋子也是需要换季的。

玄关时时保持清爽

玄关是家中需要特别保持干净的地方。注意出入玄关用的鞋子一人一双即可，不要放多余的东西。

放在盒子里可以叠放，收纳起来非常方便。球等不方便收纳的东西也可以放在箱子里。只要在箱子上标明里面物品的名称，要用时就能够立即取出了。

整理后用水擦拭

鞋柜的一大特征就是鞋子放在里面容易产生湿气。我们家的鞋柜采用藤条柜门，方便通风换气。但如果是一般的鞋柜，脱下的鞋子不要立刻放进去。鞋子还留有汗水，因此要在外面先放一个晚上，这一点非常重要。每周打开柜门一两次来通风换气也很有必要。除此之外，再放些除湿剂、除霉剂就更让人放心了。

玄关是很容易落灰落沙的地方。一般来说，大多数人都是用室外用的扫帚把灰尘和泥沙扫起来装进簸箕里。但这样是远远不够的。禅寺中进进出出的人很多，因此每天都要用水擦拭好几次。首先把玄关整理成什么都不放的状态，然后用扫帚仔细把泥沙、毛发、灰尘等清理干净。

扫干净后再用抹布浸水擦拭。虽然每天用水擦拭不太现实，但至少每周做一次吧。干净的玄关看起来清清爽爽，使人心情也随之愉悦起来。

① 用扫帚扫干净灰尘
移开放在玄关的东西，用扫帚扫干净灰尘和泥沙。

② 用毛巾擦拭玄关的地面
准备一块玄关专用毛巾。浸水后拧干，用来擦拭玄关地面。

厕所更要打扫干净

徒手扫除可净化心灵

　　厕所的扫除在禅的修行中有着极其重要的地位。禅寺中，厕所被称为"东司"，由云水僧们的领袖负责打扫。光从这一点就能看出厕所的扫除需要很高的觉悟。厕所的污渍象征着自身的污渍，因此厕所的清洁被视为极其重要的事情。顺便一提，**在禅寺中，云水僧们不穿拖鞋进厕所，而是脱下鞋子光脚进入。正是干净至极厕所才被视为一个神圣的场所。**

　　厕所扫除的原则是自上而下。先用毛巾擦拭照明灯具，再擦坐便器。从马桶盖外侧擦到内侧，然后擦便座。抬起马桶圈擦干净内侧后，再换一块海绵擦坐便器里面。只要每天清洗，就不会留下严重的污渍，这样每次收拾起来都很轻松。

简单到极致的空间

厕所没有放地垫也没有拖鞋、清洁感满满。使用时要注意不要弄脏了。

如果用手清洁，就不需要马桶刷了，打扫用具也就减少了。此外，通过徒手清洁，心灵也能得到洗涤。

保持干净，自然远离污渍

我们的目标是打造如同禅寺的厕所一般干净得可以光脚进入的厕所。保持厕所干净的秘诀在于充分考虑到下一位使用者的感受。走进干净的厕所，自然就会抱着**"用的时候不要弄脏了"的心情，使用厕所时会产生恰到好处的紧张感。**

为了保持紧张感，还可以像禅寺一样，不在厕所里放地垫和拖鞋。如果放拖鞋在里面，会让人产生弄脏了也没事的想法，用起来过于放松。厕所地垫也一样，让人感觉稍微弄脏了一点也没什么关系。此外，没有地垫的话擦地板的时候就不用费力再去挪开地垫了，打扫起来更轻松。

但是，我们家客人很多，大家的生活观也不尽相同。有的客人不穿拖鞋不习惯，也有的客人有如厕后自己用马桶刷打扫干净再出来的习惯。

采取不放纵自身的姿态对待厕所扫除的同时，也要能够应付各种不同的状况，准备好地垫等工具。

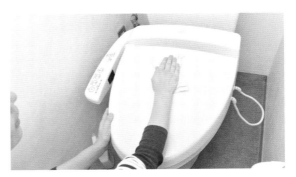

① 从马桶盖开始细致地擦拭
按照照明灯具→坐便器→地板的顺序擦拭。只要手拿毛巾仔仔细细地擦坐便，容易忽略的角落也能被清洁干净。

② 坐便器内部也手拿海绵擦洗
坐便器中、马桶边缘的出水口很容易沾上污渍。靠近坐便器仔细看，用海绵的尼龙刷一侧清洁。

地板用干毛巾擦拭

"干毛巾擦地＋保养"是基础

正眼寺内铺有地板的房间中，被擦得黝黑发亮的地板给我留下了很深的印象。"每天的清洁既是一种修行，也是对心灵的洗涤""出现污渍即意味着心绪杂乱"，这样的思考方式也引起了我内心的共鸣。

虽然也想把自家的地板擦洗得锃光瓦亮，但每天都擦拭是非常不现实的，因此一出现脏东西就要立刻擦干净。

干毛巾擦不干净的时候再用湿毛巾擦拭，这样还擦不干净的话就用洗涤剂清理。这种情况下必须要注意洗涤剂的选择。

倍半碳酸钠和小苏打既不破坏环境也不会对皮肤造成损伤，因此具有很高的人气，但在打过蜡的地板上，不能把地板蜡给擦掉了。基本方法是稍微用一点中性或弱碱性的洗涤剂。此外，如果浸水过多，地板容易上翘，因此一个月只要用洗涤剂打扫几次即可。让我们向着通过干擦和保养来保持地板光亮这一目标而努力吧。

① 顽固的污渍用洗涤剂清除
干毛巾擦不掉的污渍可以在扫掉灰尘和垃圾后用水或洗涤剂清洁。我家常用的是 UTAMARO 洗涤剂。

② 用毛巾擦拭
喷雾型的洗涤剂用干毛巾擦拭。水溶性洗涤剂则把毛巾浸湿拧干后再擦拭污渍。

也可使用便利的家用电器

活用家电产品

　　除了毛巾、扫帚和水桶以外，我家还使用无线吸尘器和扫地机器人。难得有这么多方便的家电产品，只要严格选择合适的产品并灵活使用，每天的扫除工作也会变得轻松愉快。

　　无线吸尘器非常适合清扫洗脸池周围的毛发。如果每次都要拿出吸尘器、插上电源插头，光是想想都觉得麻烦。但无线吸尘器用起来就很轻松了。出现脏东西之后立刻打扫干净，这就是让家里保持整洁的秘诀。所以要选择最适合自己的产品。

　　此外，我家有很多榻榻米，于是买了可用于榻榻米的扫地机器人。工作一天回到家后，榻榻米就变得很干净了。简直称得上神器。但是，扫地机器人的使用前提是地板上没有堆东西。因此，为了让扫地机器人移动更方便，不要把东西堆在地板上。

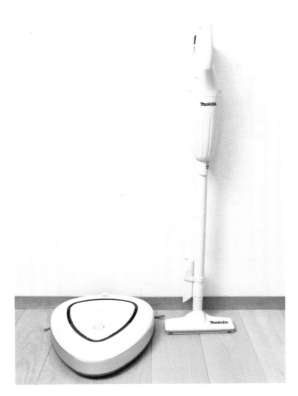

活用便利的电子产品

Makita（日本家电品牌）的手持吸尘器有一定的吸力，而且很轻、用起来非常轻松。扫地机器人是松下的"RULO"，可用于榻榻米。

第四章

禅心智语

驱除内心阴霾的生活禅语

痛苦、不安、悲伤，人只要活着，就一定会有这些负面情绪。这种时候，何不试着读一点鼓舞人心的语句？

禅语是禅宗中僧侣之间的奇闻异事或摘自禅学经典著作中的句子。短短一句话中蕴含着禅宗的教义。听起来似乎很难，但事实上跟"食"和"扫除"等生活息息相关的语句也很多。接下来，让我们了解一些饱含生活哲理又轻松的禅语，放松一下心情吧。

专心致志地做一件事

遇茶吃茶，遇饭吃饭

喝茶的时候就专心喝茶，吃饭的时候便专心吃饭。其他杂事自不必说，连茶饭美味与否、合乎喜好与否都不要考虑，只专心于吃这件事上。这便是禅的教义。

边看电视边吃饭、边吃午饭边做下午的工作等做法会扰乱心绪，让人感到焦虑不安、不知所措。专注于眼前的事情。只要仔细做到这一点，就不会被琐事烦扰，心境会变得轻松。

一扫除二信心

通过扫除净化心灵

佛教修行的基础在于信心。然而，在禅宗中，扫除被置于比信心还重要的位置。这是因为扫除不仅仅是把卫生打扫干净，还是一种拂拭内心尘埃、磨砺心灵的行为。修行的僧人们每天都要进行数次扫除。即便是一尘不染的地板，也要用心打磨。因为对心灵的磨砺没有"这样就够了"的时候。通过扫除，磨砺心灵，整理心情。心绪混乱时更应通过扫除获得内心的安宁。

放下着

放下一切

这句话的意思是"放下一切"。人只要活着，就会被各种各样的想法烦扰，被形形色色的事物束缚。因为这些而无法做出正确判断的情况也不在少数。放下某一想法或者事物，就能从某一种执念中解脱出来，内心的重担也能够卸下一层。如果放下眼前执着的一切，身心都会变得轻松。这样就能从毫无意义的自尊心和多余的事物中解脱出来，会对现在的自己充满信心。

行住坐卧

内心纯净

行（行走时）、住（站立时）、坐（坐下时）、卧（睡卧时）等日常生活中的一举一动都是修行。行动是内心的表现。注意姿态和动作的优雅，可以保持心灵的纯洁。如果一天中时刻将所有行为看作保持内心安宁的根源，那么自然会逐渐变成一个内心纯净的人。这样就能够理解为何日常生活中一切行为都是修行了。

照顾脚下

注意脚下的东西

把脱下的鞋子摆放整齐，好好注意脚下。鞋子摆不整齐是因为心思的混乱。没有注意脚下是因为心绪浮躁。

脚下，即向自己所处的位置看去，认真注意这个地方，是非常重要的。在黑暗之中，若不知道地面在哪儿，则会不知所措，无法行走。就算身处黑暗之中，也可以凝神注目，注意脚下的情况。只要脚下足够坚固，就能安心地走向任意一个方向。

本来无一物

人原本的姿态

每个人都是两手空空地来到这个世界，这是人原本的姿态。生存的过程中，会逐渐被各种各样的东西缠绕，舍不得放手。这不过是一种执念，就算放下手上拥有的一切，也不过是回归人类本原。为诸事烦恼的人总是觉得自己身上有一些不好的地方，但人在诞生之初并不带有任何不好的地方或是污点，这些都是从与他人做比较或是不必要的执念中产生的。不要被这些无形的东西囚禁。不要困于因自身偏见而产生的烦扰。

晴耕雨读

> 顺应自然的生活

晴时在外耕田，雨时居家读书。这样顺应自然的生活让人心境安稳平和。现如今，每天都抱着"不奋斗，毋宁死"这一想法的人很多，但人不能时刻处于拼命的状态。明明心里下着雨，却还装作什么都没有发生过的样子去奋斗，这是对自己内心的欺骗，反而会让人觉得辛苦。

心情阴霾时，要稍做暂停，坦然地面对自己的内心，给心灵放个假。心灵得到休憩，才能再次打起精神向前进。

三心

> 烹调时的思想准备

制作食物时的心理准备是"三心"，即喜心、老心、大心三者的合称。"喜心"是制作食物时的喜悦，"老心"是父母对孩子的体贴，"大心"意味着没有执念，对所有事物一视同仁。

这一词语不仅适用于烹调，对于其他事情也是可通用的心得体会。

日常生活中，一定要重视这三心。

时时勤拂拭

时时磨砺心灵

家中保持整洁干净的秘诀就在于勤于打扫。污垢越积越重，清除越困难，打扫越麻烦。哪怕花上短短几分钟也好，只要勤于打扫，污垢就不会累积。否则，心灵也会被烦扰和欲望蒙蔽。在心灵污垢变得顽固之前，要养成时时拂拭的习惯。不要留着日后清洁，而要每天仔细打磨。这样一来，心灵每天都能得到磨砺，不容易被世事烦扰、束缚，每天都是晴空万里。

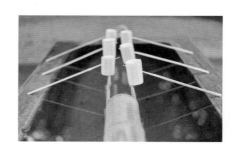

知足

安于所得

谁都会对物品、金钱、时间，甚至是对人抱有欲望，这种欲望是无穷无尽的。所谓"知足"，就是"知道满足"的意思。发现自己已经处于足够的状态后，人会比现在更加幸福。自己所拥有的东西，只要双手抱得过来就足够。背负太多自己无法承受的东西，只会苦于身外之物的束缚。并不是拥有得越多就越好。幸福已然存于自身之中。

洗心

净化被污染的内心

因厌恶的事情而感到心情低落，或是无法诚实地接受他人的坦率，最终口出恶言。这表明心灵不知不觉中被污染。此时一定要重新审视内心，让内心重新变得柔软起来。可以看看美丽的风景，听听喜爱的音乐，或是多和纯粹的孩子们相处。就算不做什么特别的事，心灵也能够得到洗涤。心情变得和缓、内心恢复柔软后，自然会转化成行动，也许还能起到帮助他人净化内心的作用。

步步是道场

无论何地、何种环境，都是磨砺自身的道场；无论所做何事，都是提高自身素养的修行。修行并不是非得在禅寺等特殊场合不可。此时此刻，于所在之处，专心致志拼尽全力，就可称之为修行。因此，日常的每一次修行皆可成为促进自身成长的精神食粮。而修行的关键就是专注于眼前的生活。

和颜爱语

带着笑容和感情交流

和颜指的是"温和的笑容"，爱语指的是"理解对方的立场和心情，用慈爱的语言交流"。这是一个充满关怀的、温柔的词语，出自佛教中的"无财七施"，即无财可施也可施行的七种布施。心至诚，则能拥有丰富充实的人生。

首先带着笑容向对方传达"谢谢"这一爱语，这件事虽说简单，但至关重要。

首先付诸行动

冷暖自知

　　想知道眼前的水是冷是热，不亲自动手试一下是不会知道的。从他人处习得的知识也不能囫囵吞枣，不求甚解。每个人的感受都有所不同，重要的是自身的体验。禅宗十分重视行动。不要怕麻烦，事必亲为。只要行动就一定会有成果，也能知道下一步要做什么。为了拓展自己的视野，积累各种各样的经验是非常重要的。不要让大脑生锈，这也是戒律的一条。

珍惜每天的生活

日日是好日

　　只要活着，就一定会有开心的日子，也一定会有不开心的日子。就算在悲伤痛苦的日子里，也可能发现对自己来说什么才是真正重要的。失败也许会引领自己走向下一次成功。也就是说，无论是好日子还是坏日子，都是只有自己才能经历的体验，不能单纯地以好坏评判。每一次的经验都是无可取代的。这样想来，拥有精彩体验的每一天都是好日子，都是珍贵的一天。

结 语

　　这本书的读者应该大多都是照顾孩子的父母或是上班族。他们可能常常苦于无法在家务活上花费充足的时间。但是，只要有心，无论多忙都可以做到，不是吗？

　　通过这次对禅寺的拜访，我从云水僧们身上学会了在划分好的时间内竭尽全力的重要性。对家这一难以被外人所见的地方进行孜孜不倦地打扫，也许无法让家中变得富丽堂皇，但干脆利落的行动、专心致志地坚持烹调、扫除和整理，会让身心都美好起来。也就是可以感受到对自身的磨砺。

　　我为客人提供整理收纳服务时，常常会听到"想要一个随时都能招待客人的家"这样的要求。然而，最应该重视的，难道不是朝夕相处的"家人"吗？

　　我告诉客人，"首先要为了家人，为了身为家庭一员的自己，打造舒适宜居的家"。无须追求排场和他人的称颂。不是为了不知道什么时候才能来的客人，而是为了让居住于此的家人感到幸福。为了向家人传达这样的感情而认真完成家务，愿与诸君共勉。

小川奈奈

参考文献

[1] 道远，中村璋八 . 典座教训·赴粥饭法 [M]. 讲谈社学术文库，1991.

[2] 佐藤义英 . 图解禅修生活·云水日记 [M]. 禅文化研究所，1982.

[3] 浦逸外 . 精进料理的究极奥义 [M]. 大法轮阁，1970.

[4] 有马赖底 . 茶道的禅语大辞典 [M]. 淡交社，2002.

[5] 田上太秀，石井修道 . 禅的思想词典 [M]. 东京书籍，2008.

（注：以上书名均为译者译）

图书在版编目（CIP）数据

家事里的禅意时光 ／（日）小川奈奈著 ； 黄若希译 .
－－ 南京 ：江苏凤凰文艺出版社 ，2019.3
ISBN 978－7－5594－3259－9

Ⅰ . ①家… Ⅱ . ①小… ②黄… Ⅲ . ①家庭生活－基
本知识 Ⅳ . ① TS976.3

中国版本图书馆 CIP 数据核字 (2019) 第 016033 号

书　　　名	家事里的禅意时光
著　　　者	[日] 小川奈奈
译　　　者	黄若希
责 任 编 辑	孙金荣
特 约 编 辑	李雁超
项 目 策 划	凤凰空间/李雁超
出 版 发 行	江苏凤凰文艺出版社
出版社地址	南京市中央路165号，邮编：210009
出版社网址	http://www.jswenyi.com
印　　　刷	天津久佳雅创印刷有限公司
开　　　本	889毫米×1194毫米　1 / 32
印　　　张	4.5
字　　　数	115.2千字
版　　　次	2019年3月第1版　2020年6月第2次印刷
标 准 书 号	ISBN 978-7-5594-3259-9
定　　　价	49.80元

（江苏凤凰文艺版图书凡印刷、装订错误可随时向承印厂调换）